连云港市青少年海洋科普读本

许祝华 李妍 季如康 陈松茂 著

中国海洋大学出版社
·青岛·

图书在版编目（CIP）数据

连云港市青少年海洋科普读本 / 许祝华，李妍著.—青岛：中国海洋大学出版社，2018.5
 ISBN 978-7-5670-2136-5

Ⅰ.①连… Ⅱ.①许…②李… Ⅲ.①海洋－青少年读物 Ⅳ.① P7-49

中国版本图书馆 CIP 数据核字 (2019) 第 055455 号

出版发行	中国海洋大学出版社			
社　　址	青岛市香港东路 23 号	邮政编码	266071	
出 版 人	杨立敏			
网　　址	http://pub.ouc.edu.cn			
责任编辑	邓志科	电　　话	0532-85901040	
责任编辑	dengzhike@sohu.com			
印　　刷	青岛国彩印刷有限公司			
版　　次	2019 年 3 月第 1 版			
印　　次	2019 年 3 月第 1 次印刷			
成品尺寸	182mm×257mm			
印　　张	5.75			
字　　数	70 千			
印　　数	1-2000			
定　　价	38.00 元			

发现印装质量问题，请致电 0532-88194567，由印刷厂负责调换。

前 言

在浩瀚无边的宇宙中，有一颗美丽的蓝色星球，就是我们共同的家园——地球。海洋，约占据地球表面的70.8%。辽阔的海洋使人们充满了憧憬和幻想，人类不断探索海洋的奥秘：海洋是怎么形成的？海水为什么是咸的？海洋里都有什么？

海洋是生命的摇篮，地球上的"蓝色宝库"。海洋给人类提供丰富的矿产、能源和生物资源，与我们的生活息息相关。我们在向海洋索取的同时也要保护海洋环境，合理地、科学地开发海洋。

我们的家乡连云港地处黄海之滨，拥有江苏最长的基岩海岸线、江苏最大的海岛——东西连岛、江苏第一大港——连云港港、中国第一长堤——西大堤、海州湾渔场等，海洋资源丰富，海洋经济是连云港经济发展的重要支撑。几千年的沧海桑田使得连云港与海洋有着无法割舍的文化渊源。

目录

基础海洋篇

第1节 广阔的海洋..2
第2节 海水的起源与性质..6
第3节 海岸与海岛..11
第4节 海底地形地貌...16
第5节 潮汐...19
第6节 海浪与海流..22
第7节 海洋与气候..26
第8节 海洋是生命起源的摇篮....................................29
第9节 海洋植物...31
第10节 海洋动物（一）...34
第11节 海洋动物（二）...39
第12节 深海探索...44
第13节 极地探索...48
第14节 海洋环境污染..52
第15节 海洋保护...55

连云港篇

第16节 连云港海域..58
第17节 连云港海岛..61
第18节 连云港海洋植物..64
第19节 连云港海洋动物..67
第20节 连云港沿海渔业资源....................................69
第21节 连云港海洋产业..72
第22节 海洋保护区..76
第23节 连云港港口..79
第24节 连云港海洋文化..82

基础海洋篇

第1节 广阔的海洋

> 东临碣石，以观沧海。水何澹澹，山岛竦峙。树木丛生，百草丰茂。秋风萧瑟，洪波涌起。日月之行，若出其中；星汉灿烂，若出其里。幸甚至哉，歌以咏志。
> ——《观沧海》

在无边的宇宙中有个蓝色的星球，就是我们生存的地球。根据科学家计算，地球的表面积约为5.1亿平方千米；海洋的面积约3.61亿平方千米，约占地球表面积的70.8%，远远大于陆地的面积（约1.49亿平方千米）。

海洋是地球表面被各大陆地分割为彼此相通的广大水域，包含4个大洋和54个海。

洋：是海洋的中心部分，是海洋的主体。世界大洋的总面积，约占海洋面积的90.3%。大洋的水深一般在2 000米以上，最深处可达10 000多米。且洋离陆地较远，不受陆地的影响。地球有4个洋，分别为太平洋、大西洋、印度洋和北冰洋，太平洋是最大的洋。

第1节 广阔的海洋

海洋风光

表1 世界各大洋的面积、容积和深度

四大洋	面积 /10^6 km^2	容积 /10^6 km^3	最大深度 /m	平均深度 /m
太平洋	179.68	723.699	11034	4028
大西洋	93.36	337.699	9218	3627
印度洋	74.92	291.945	7450	3897
北冰洋	13.10	16.980	5449	1296

知识窗

海洋学上把三大洋在南极洲附近连成一片的水域称为南大洋或南极海域。联合国教科文组织（UNESCO）下属的政府间海洋学委员会（IOC）在1970年的会议上，将南大洋定义为："南极大陆到南纬40°为止的海域，或从南极大陆起，到亚热带辐合线明显时的连续海域。"

海，在洋的边缘，是大洋的附属部分。海的面积约占海洋的9.7%，海的水深比较浅，深度一般在2 000米以内。海临近大陆，受大陆、河流、气候和季节的影响。

海洋风光

知识窗

最大的海和最小的海：

珊瑚海，又称所罗门海，是世界上最大和最深的海，面积479.1万平方千米，位于太平洋西南部，平均深度2 394米，最深处新赫布里海沟深达9 140米，世界最大的珊瑚礁——大堡礁也位于珊瑚海。

马尔马拉海是世界上最小的海，面积仅为1.1万平方千米，平均深度约494米。

第 1 节 广阔的海洋

我国的海

我国有 4 个海，分别是渤海、黄海、东海、南海。

渤海是我国的内海，三面环陆，与辽宁、河北、山东、天津毗邻。海域面积 77 284 平方千米，大陆海岸线长 2 668 千米，平均水深 18 米，最大水深 85 米。

黄海是太平洋西部的一个边缘海，位于我国大陆与朝鲜半岛之间，是一个近似南北向的半封闭浅海。在西北以辽东半岛南端老铁山角与山东半岛北岸蓬莱角连线为界，与渤海相通；南以我国长江口北岸启东嘴与济州岛西南角连线为界，与东海相连。黄海面积约 38 万平方千米，平均深度 44 米，海底平缓，为东亚大陆架的一部分。

东海，中国三大边缘海之一，中国岛屿最多的海域。东海海域面积约 77 万平方千米，东海大陆架平均水深 72 米，全海域平均水深达 349 米，最深处约 2 700 米，位置接近冲绳岛西侧（中琉界沟）。

南海位于中国大陆南方，是西太平洋的一个边缘海。南海除了是主要的海上运输航线外，还蕴藏着丰富的石油和天然气。南海面积 356 万平方千米，其中属于中国管辖范围的也就是九段线之内的有 210 万平方千米左右，平均水深 1 212 米，最深处在马尼拉海沟南端，可达 5 377 米。

我们的家乡连云港是一座美丽的海滨城市，位于黄海之滨。海洋与我们的生活息息相关。海洋给我们带来优美的风景、美味的海鲜及丰富的资源，海上交通、海水养殖等许多产业都依靠海洋，未来的发展离不开海洋。

第2节 海水的起源与性质

磅礴的海洋充满了海水。那么，海洋是怎么形成的，海水是从哪里来的？

约45亿年前，云状宇宙微粒和气态物质聚集形成了最初的地球。最初的地球没有海洋，整个地球就像一个滚烫的大火球，火山爆发持续不断，岩浆不断从地表的裂缝中喷出。

在持续高温下，地球内部的水分汽化，与气体一起冲出来，飞升入空中。由于地球的引力作用，喷出来的水汽不会跑掉，围绕在地球的周围，成为气水合一的圈层。在很长一段时间内，天空中浓云密布，天昏地暗。

随着地壳逐渐冷却，大气的温度也慢慢地降低，天空中水汽逐渐凝结，变成水滴，越积越多。由于冷却不均，空气对流剧烈，形成雷电狂风，暴雨浊流。

　　滔滔的洪水，通过千川万壑，汇集成巨大的水体，形成了原始的海洋。

　　原始的海洋中海水与现状不同，原始海洋中的海水不是咸的，而是带酸性、又是缺氧的。海水中的化学成分主要有2个来源，一是大气圈中或火山排出的可溶性气体，二是陆上和海底遭受侵蚀破坏的岩石，这些化学成分通过自然界周而复始的水循环逐渐被带入海洋。海洋生物调节着海水的成分，促使碳酸盐、二氧化硅和磷酸盐等沉淀下来，硫酸盐、氯化物的含量相对增加，钙、镁、铁等大量沉淀，钠明显富集，于是海水的成分逐渐演变而与现代海水成分相近。最初的海洋可能体积有限，通过地球不断的排气作用累积增长。距今约6亿年，大洋水的体积和盐度已经与近代相近。

海水的颜色

水是无色透明的,但我们通常看到的大海是蓝色的,这是为什么呢?

太阳光由红、橙、黄、绿、青、蓝、紫7种可见光所组成。这7种光的波长各不相同,而海水对不同波长的光的吸收、反射和散射的程度也不同。波长较长的红、橙、黄等光束射入海水后,随海水深度的增加逐渐被吸收了,而波长较短的蓝光、紫光射入海水后,会发生散射和反射,于是我们看到的海洋就呈一片蔚蓝色或深蓝色了。近岸的海水因悬浮物质增多,对绿光的吸收较弱,散射较强,所以多呈浅蓝色或者绿色。

蔚蓝的海水

翻开世界地图,我们会看到黄海、红海、黑海、白海,它们是根据海水的颜色命名的,为什么海洋会呈现不同的颜色呢?

黄海：历史上黄河有七八百多年的时间注入黄海，使得河水中携带的大量泥沙将黄海近岸的海水染成了黄色，因此得名黄海。

红海：红海地处副热带，干旱少雨，也没有大河注入，所以红海海水高温高盐，适宜于某些暖水环境的红藻生长，这些海藻终年大量繁殖，把海面染上一层红色，红海便由此而得名。

黑海：黑海不是由于海水黑色而得名。黑海南岸的希腊人、波斯人、土耳其人，他们以不同颜色作为东南西北的标志。黄色为东，红色为南，蓝色或绿色为西，黑色为北。由于黑海位于希腊、波斯、土耳其北部，所以人们就称它为黑海。

白海：由于白海所处的纬度高，气候严寒，终年冰雪茫茫，一年中有200多天被冰层覆盖。由于阳光照到冰面上产生了强烈的反射作用，致使我们看到的海水是一片白色。加上白海有机物含量少，故而得名白海。

黄海风光

红海风光

黑海风光

白海风光

海水的成分

海洋中含有 13.5 亿多立方米的水，约占地球上总水量的 97%。

海水是多组分液体，有着丰富的化学成分，亦被称为液体矿产。平均每立方千米的海水中有 3 570 万吨的无机盐，世界上已知的 100 多种元素中，80% 可以在海水中找到。

海水是盐的"故乡"，海水中含有各种盐类，最主要的是氯化钠，也就是食盐的主要成分，同时还含有氯化镁、硫酸镁及含钾、碘、钠、溴等元素的其他盐，这也是海水喝起来又咸又苦的原因。

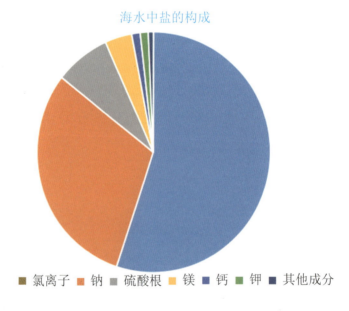

海水中盐的构成

■ 氯离子 ■ 钠 ■ 硫酸根 ■ 镁 ■ 钙 ■ 钾 ■ 其他成分

为什么海水不能喝？

海水中含有大量盐类，其中许多元素是人体所需要的。但海水中某些物质浓度太高，远远超过饮用水卫生标准，如果大量饮用，会导致某些元素过量，影响人体正常的生理功能，还会导致人体脱水，严重的还会引起中毒。

如果喝了海水，可以采取大量饮用淡水的办法缓解。

第3节 海岸与海岛

海岸线是海洋和陆地的分界线,即海水大潮平均高潮位与陆地接触的界线,海岸线可分为大陆海岸线和海岛岸线。世界海岸线长约44万千米,我国海岸线长约3.2万千米,其中大陆海岸线长约1.8万千米,海岛岸线长约1.4万千米,连云港海岸线长度为204.817千米。

海岸是邻接海洋边缘的陆地,它是海洋和陆地相互接触和相互作用的地带。它不仅是国防的前哨,又是海、陆交通的连接地,是人类经济活动频繁的地带,遍布着工业城市和海港。世界上约有2/3的人口居住在狭长的沿海地带。海岸具有奇特的、引人入胜的地貌特征,可辟为旅游基地。

海岸,根据其形态和成因,大体可分为基岩海岸、平原海岸和生物海岸。

1. 基岩海岸

由坚硬岩石组成的海岸称为基岩海岸。在我国的山东半岛、辽东半岛及杭州湾以南的浙、闽、台、粤、桂、琼等省的海岸,基岩海岸广为分布。

基岩海岸

2. 平原海岸

平原海岸有如下特点：岸线平直、地势平坦、海滩沙洲广阔，缺乏天然港湾，岸外无基岸岛屿。

我国有长达 2000 千米的平原海岸，主要是渤海西岸及黄海西岸的江苏沿海这两处。此外，在松辽平原的外围以及浙江、福建、广东的一些河口与海湾顶部，也有小面积的分布。

平原海岸又可分为三角洲海岸、淤泥质海岸、砂砾质海岸。

沙砾质海岸

淤泥质海岸

3. 生物海岸

在我国南方热带、亚热带地区，生物对海岸的塑造有时起着重要作用，形成特殊的海岸类型，即珊瑚礁海岸和红树林海岸。

红树林海岸有如下特点：分布于低平的堆积海滩，主要在背风浪而且正在向海伸展的淤泥质海滩上。红树林在护岸保滩、促淤助涨、降低沿岸泥沙流容量、维持深水航道等方面都有积极意义。

第3节 海岸与海岛

红树林

珊瑚礁

海洋国土

　　海洋国土是沿海国家的内水、领海和管辖海域的形象统称。我国不仅拥有960万平方千米陆地国土，还拥有约300万平方千米的蓝色国土。

　　领海是距离一国海岸线一定宽度的海域，是国家领土的组成部分。我国政府于1958年9月4日宣布中国的领海宽度为12海里。领海的上空、海床、底土，均属于沿海国家主权管辖。

　　专属经济区是从领海基线向海200海里的海域。专属经济区享有勘探、开发、保护和管理海水、海床和底土中生物和非生物资源的主权。

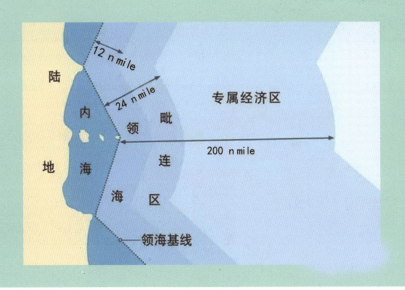

连云港市青少年海洋科普读本

海岛

　　海岛是四面环水并在高潮时高于水面的自然形成的陆地区域。海岛是人类开发海洋的远涉基地和前进支点，是第二海洋经济区，在国土划界和国防安全上也有特殊重要地位。我国有面积大于 500 平方米的海岛 7 300 多个，海岛陆域总面积近 8 万平方千米，海岛岸线总长 14 000 多千米。

海岛

　　格陵兰岛是世界上最大的岛，面积约 216 万平方千米，海岛海岸线约 3.5 万千米，在北美洲东北，北冰洋和大西洋之间。

冰雪覆盖的格陵兰岛

第3节 海岸与海岛

我国最大的岛是台湾岛，面积约3.58万平方千米，其次是海南岛，面积约3.39万平方千米。

台湾岛风光

钓鱼岛是我国东海钓鱼岛列岛的主岛，被称为"深海中的翡翠"。钓鱼岛面积约3.91平方千米，周围海域面积约17.4万平方千米，最高点海拔约362米。

钓鱼岛及其附属岛屿是我国领土不可分割的一部分。无论从历史还是从法理的角度来看，我国对钓鱼岛拥有无可争议的主权。我国最早发现钓鱼岛并予以命名。在我国古代文献中，钓鱼岛又称钓鱼屿、钓鱼台。目前所见最早记载钓鱼岛、赤尾屿等地名的史籍，是成书于1403年(明永乐元年)的《顺风相送》。这表明，早在14世纪、15世纪中国就已经发现并命名了钓鱼岛。

钓鱼岛

第4节 海底地形地貌

海洋底部跟陆地一样是高低不平的,有平原、山脉、海沟等。海底地形主要有大陆边缘、大洋盆地和大洋中脊三大区域,主要的地形结构有大陆架、大陆坡、大陆隆、深海平原、大洋中脊和海沟。海底地形是全球地质演化的结果,在内、外营力的作用下经历漫长的地质历史时期,而成为今天的状态。

大陆边缘是大陆与大洋之间的过渡带。全球大陆边缘纵延35万千米,总面积约为8 000万平方千米,占全球海洋面积的22%左右。大陆边缘由大陆架、大陆坡和大陆隆构成。

大洋盆地是海底的主要部分,地形广阔而平坦,位于大陆边缘和大洋中脊之间,约占全球海洋面积的1/2。

大洋中脊又称中央海岭,是指贯穿世界四大洋、成因相同、特征相似的海底山脉系列。它全长约6.5万千米,顶部水深大都在2～3千米,高出盆底1～3千米,有的露出海面成为岛屿,宽数百至数千千米不等,面积约占全球海洋面积的29%,是世界上规模最巨大的环球山系。大洋中脊伴有火山、地震活动。

海底地形结构图

海沟

海沟是深度超过 6 000 米的狭长的海底凹地。海沟两侧坡度陡急，分布于大洋边缘。

海底最深处——马里亚纳海沟。

世界上最深的地方位于马里亚纳海沟，深度为 11 034 米，全长约 2550 千米，为弧形，平均宽 70 千米，大部分水深在 8 000 米以上。

世界最长的海沟——阿塔卡马海沟。

阿塔卡马海沟，又称秘鲁－智利海沟，位于太平洋东部边缘，与南美洲西海岸平行，南北延伸，长度约为 5 900 千米。

美丽的海底

科学家通常采用测量水深的方法获取海底地形地貌，科学家如何测量海水水深？

随着科技的发展，水深测量技术大致经历了结绳测深、回声测深、多波束测深等阶段。

1. 结绳测深

人们在绳索上绑铅锤等沉到海底来测水深。但海水越深，绳索就要越长、越粗，就越难感觉是否已触及海底。水下又有很强的海流使绳索变弯，显然不可能精确；而且在深水海域，将绳缆放下、收起极费时间，效率极低。

2. 回声测深

20世纪20年代，德国"流星"号考察船在南大西洋首次使用回声测深仪，才使海底地形测量成为可能。声波是机械振动波，在水中很难被吸收而能传播很远。从船上向海底发出的声波，能很快被反射回来，船上的回声测深仪就可以"听到"回声。声音在水中的传播速度约为每秒1 500米。如果能测定发声与回声的时间差，就可轻易地计算出水深来。在船航行过程中，如果不间断地发声并接受回声，就可绘制出一条海底地形曲线。如果将大量等间距的海底地形曲线组合起来，通过计算处理就可以获得海底立体图像。

3. 多波束测深

多波束测深是同时获得数十个相邻窄波束的回声测深系统。能获得一个条带覆盖区域内多个测量点的海底深度值，实现了从"点—线"测量到"线—面"测量的跨越。

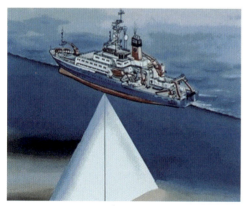

单波束测深

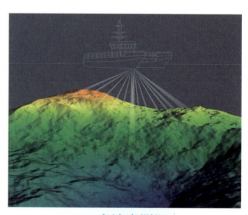

多波束测深

第5节 潮汐

潮汐现象是海洋中的一种自然现象，指海水在天体（主要是月球和太阳）引潮力作用下所产生的周期性运动。

习惯上把海面铅直方向涨落称为潮汐，而海水在水平方向的流动称为潮流。

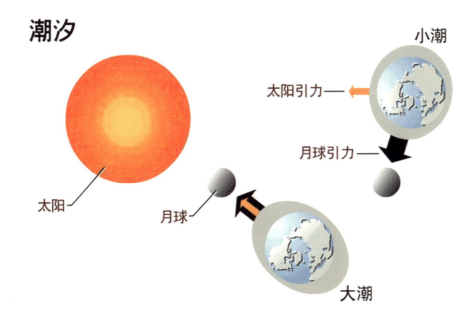

潮汐形成原因

根据潮汐周期又可分为以下3类：

半日潮型：一个太阴日内出现2次高潮和2次低潮，前一次高潮和低潮的潮差与后一次高潮和低潮的潮差大致相同，涨潮过程和落潮过程的时间也几乎相等（6小时12.5分钟）。我国渤海、东海、黄海的多数地点为半日潮型，如大沽、青岛、厦门等，我们连云港临近海域也是半日潮型。

全日潮型：一个太阴日内只有1次高潮和1次低潮。如南海汕头、渤海秦皇岛等。北部湾是世界上典型的全日潮海区。

混合潮型：1个月内有些日子出现了2次高潮和2次低潮，但2次高潮和低潮的潮差相差较大，涨潮过程和落潮过程的时间也不等；而另一些日子则出现1次高潮和1次低潮。我国南海多数地点属混合潮型。如榆林港，15天出现全日潮，其余日子为不规则的半日潮，潮差较大。

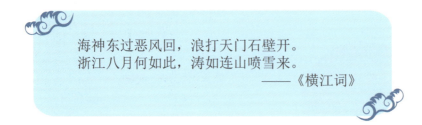

> 海神东过恶风回，浪打天门石壁开。
> 浙江八月何如此，涛如连山喷雪来。
> ——《横江词》

钱塘江大潮是世界三大涌潮之一，是天体引力和地球自转的离心作用，加上杭州湾喇叭口的特殊地形所造成的特大涌潮。钱塘江口外宽内窄，呈明显的喇叭状。钱塘江暴涨潮和深入内陆600多千米的长江潮主要是由潮流沿着入海河流的河道溯流而上形成的。潮水涌入三角形海湾中，潮位堆高，潮差增大。当潮流涌来时，潮端陡立，水花四溅，像一道高速推进的直立水墙，前面的还没有疏通，后面的浪又赶上来，一浪高过一浪，十分壮观，形成"滔天浊浪排空来，翻江倒海山为摧"的壮观景象。

潮汐拥有巨大能量，全球潮汐能蕴藏量大约为27亿千瓦。潮汐能的主要利用方式是潮汐发电，如全部转化成电能，每年发电量大约为1.2万亿千瓦时。

第5节 潮汐

（1）潮汐是一种不影响生态平衡的可再生能源。潮水每日涨落，周而复始，取之不尽，用之不竭。它完全可以发展成为沿海地区生活、生产和国防需要的重要补充能源。

（2）潮汐是一种相对稳定的可靠能源，很少受气候、水文等自然因素的影响，不存在丰、枯水年和丰、枯水期影响。

潮汐发电就是在海湾或有潮汐的河口建筑一座拦水堤坝，形成水库，并在坝中或坝旁放置水轮发电机组，利用潮汐涨落时海水水位的升降，使海水通过水轮机时推动水轮发电机组发电。20世纪初，欧美一些国家开始研究潮汐发电。1913年德国在北海海岸建立了第一座潮汐发电站。第一座具有商业实用价值的潮汐电站是1967年建成的法国郎斯潮汐电站。该电站位于法国圣马洛湾郎斯河口。郎斯潮汐电站机房中安装有24台双向涡轮发电机，涨潮、落潮都能发电。总装机容量24万千瓦，年发电量5亿多千瓦时，输入国家电网。韩国始华湖潮汐发电站是当今世界上规模最大的潮汐能发电站。该电站装机容量为25.4万千瓦，年发电量达5.527亿千瓦时，超过了法国朗斯潮汐发电站。

我国是潮汐能资源较丰富的国家之一，利用潮汐能发电已有60年的历史了。1957年我国在山东建成了第一座潮汐发电站。1978年8月1日山东乳山县白沙口潮汐电站开始发电，年发电量230万千瓦时。1980年8月4日我国第一座"单库双向"式潮汐电站——江厦潮汐试验电站正式发电，装机容量为3 200千瓦，年平均发电1 070万千瓦时，是目前我国最大的潮汐能电站。

第6节 海浪与海流

海浪是海水表面此起彼伏的波动。海浪一般高度从几厘米到20米,最大可达30米以上。海浪是十分复杂的现象,海浪对海洋工程建设、海洋开发、交通航运、海洋捕捞与养殖等活动具有重要影响。

海浪

海浪的主要类型有风浪、涌浪和近岸浪。

(1)风浪是指在风的直接作用下产生的水面波动。

(2)涌浪,是指风停后或风速风向突变区域内存在下来的波浪和传出风区的波浪。

(3)近岸浪是指由外海的风浪或涌浪传到海岸附近,受地形作用而改变波动性质的海浪。

海啸是由风暴、海底火山爆发、海底地震、海底滑坡等造成的具有强大破坏力的海浪。海啸的传播速度高达每小时300~1 000千米,波长可达数百千米,在大洋中波高不足1米,但到达海岸浅水地带时,由于地形的作用,海啸波高急剧增高,形成高达数十米含有巨大能量的"水墙"。

第6节 海浪与海流

2004年印度洋海啸

2004年12月26日，印度尼西亚苏门答腊岛海岸发生里氏9.1~9.3级大地震，持续时间10 min。此次地震引发的海啸危及到远在索马里的海岸居民。印度尼西亚死亡人数就达16.6万人，斯里兰卡死亡3.5万人。印度、印度尼西亚、斯里兰卡、缅甸、泰国、马尔代夫和东非有200多万人无家可归。

海浪的形成

海水受海风的作用和气压变化等影响，促使它离开原来的平衡位置而发生向上、向下、向前和向后方向的运动。这就形成了海上的波浪。俗话说："无风不起浪"。事实上，海上有风没风都会出现波浪。无风的海面也会出现涌浪和近岸浪，它们是由别处的风引起的海浪传播来的。另外天体引力、海底地震、火山爆发、塌陷滑坡等都会引起海水的巨大波动，是"海上无风三尺浪"的真正原因。

海浪的应用

海浪的能量是巨大的，海洋中仅风浪和涌浪的总能量相当于到达地球外侧太阳能量的一半。全世界波浪能的理论估算值在10^9千瓦量级，有广阔的发展前景。

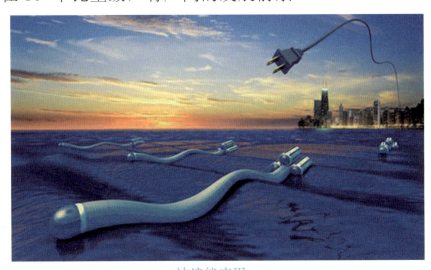

波浪能应用

海流

海流又称洋流，是海水因热辐射、蒸发、降水、冷缩等而形成密度不同的水团，再加上风应力、地转偏向力、引潮力等作用而大规模相对稳定的流动，它是海水的普遍运动形式之一。海洋里有着许多海流，每条海流终年沿着比较固定的路线流动。它就如同人体的血液循环一样，把整个世界大洋联系在一起，使整个世界大洋得以保持其水文、化学要素的长期相对稳定。海洋环流一般是指海域中的海流形成首尾相接的相对独立的环流系统或流旋。

就整个世界大洋而言，海洋环流的时空变化是连续的，海流形成的原因很多，但归纳起来不外乎两种。

1. 风海流

海面上的风力驱动，形成风生海流。这种流动随深度的增大而减弱，直至小到可以忽略，其所涉及的深度通常只为几百米。

2. 密度流

海水密度的分布与变化直接受温度、盐度的支配，而密度的分布又决定了海洋压力场的结构。实际海洋中的等压面往往是倾斜的，即等压面与等势面并不一致，这就在水平方向上产生了一种引起海水流动的力，从而导致了海流的形成。

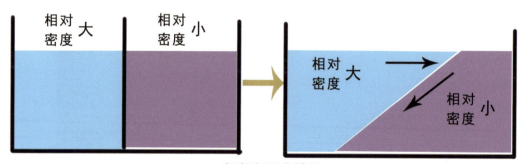

密度流形成原理

第 6 节 海浪与海流

轮船航行

海流的应用

（1）海上轮船顺海流航行可以节约燃料，加快航行速度。

（2）利用海流能进行发电。全世界海流能的理论估计值约为 10^8 千瓦量级。

1941 年 12 月 7 日，日本偷袭珍珠港震惊世界。为确保偷袭成功，日本人在行动之前进行了充分而缜密的研究。从日本本土到珍珠港有 3 条航线，一是经阿留申群岛的北航线，沿北纬 40°左右的航线东进，然后南下，沿途受西风带控制。多气旋活动，气候恶劣，风大浪急，不利于航行和中途加油。但是顺航可以节省燃料和时间，并且远离美国航空兵的飞机巡逻范围，一般无商船，便于隐蔽。二是经中途岛的中航线。三是经马绍尔群岛的南航线。中、南航线受副热带高气压带海区和东北信风带控制，天气晴朗，但逆风、逆流，耗时、耗油。后两条航线途经"信风贸易带"，各国船只众多，易被美军发现，难以达到偷袭的目的。为了克服这些难题，日本人选择了北航线，顺风——西风带和信风带，顺水——北太平洋暖流和加利福尼亚寒流，以迅雷不及掩耳之势，偷袭珍珠港成功。

第7节 海洋与气候

海洋是全球气候系统中的一个重要环节,它通过与大气的能量、物质交换和水循环等作用在调节和稳定气候上发挥着决定性作用,被称为地球气候的"调节器"。

水循环示意图

约占地球面积71%的海洋是大气热量的主要供应者。如果全球100米厚的表层海水降温1℃,放出的热量就可以使全球大气增温60℃。海洋也是大气中水蒸气的主要来源。海水蒸发时会把大量的水汽从海洋带入大气,海洋的蒸发量大约占地表总蒸发量的86%,每年可以把36 000亿立方米的水转化为水蒸气。因此,海洋的热状况和蒸发情况直接左右着大气的热量和水汽的含量与分布。

同时,海洋还吸收了大气中40%的二氧化碳,而二氧化碳被认为是导致气候变化的温室气体之一。

第7节 海洋与气候

气候变化对海洋也造成了巨大影响。气温上升导致海平面和海水温度随之升高，而海洋对二氧化碳的过度吸收则引发了海水酸化，这些都对海洋和海岸生态系统造成破坏，被认为是珊瑚礁白化、小岛屿遭淹没等一系列问题的根源。

此外，气候变化还使海洋的气候模式与洋流发生了变化，从而加重了海洋灾害的程度。尤其是海水酸化后发生倒灌，进入陆地后会对河口、入海口等生态系统造成重大影响。

海洋性气候是海洋及其邻近地区受海洋影响显著的气候，是地球上最基本的气候型。海洋性气候总的特点是受大陆影响小，受海洋影响大。在海洋性气候条件下，气温的年、日变化都比较和缓，年较差和日较差都比大陆性气候小。春季气温低于秋季气温。全年最高、最低气温出现时间比大陆性气候的时间晚；最热月在 8 月，最冷月在 2 月。

厄尔尼诺现象是一种气候现象，名字源自西班牙文 El Niño，原意是"圣婴"，用来表示在南美洲西海岸（秘鲁和厄瓜多尔附近）向西延伸，经赤道太平洋至日期变更线附近的海面温度异常升高的现象，它能导致全球大范围的气候异常，造成一些地区干旱而另一些地区降雨量过多。

温室效应与海平面上升

地球周围被一层大气包围着，太阳辐射到地球上的热量，因大气中含有温室气体（如二氧化碳等），而不能全部散发出去，形成了所谓的"温室效应"，使地球温度升高。大气中的温室气体越多，温室效应就越强。

"温室效应"导致全球气候变暖、极地冰川融化、上层海水变热膨胀等，进而引起海平面上升。海平面上升会对沿海地区带来巨大的危害。沿海低地和海岸受到侵蚀，海岸后退，海水入侵。海洋自然灾害发生的频率增加。如果不采取防护措施，可能会淹没大片土地和许多沿海城市。

海平面上升的影响

大海会枯竭吗？

自然界中的水在不断地循环着。海中的水在烈日暴晒下，一部分会变成水蒸气蒸发。据测算，每年从海洋蒸发到空气中的水量达 40 万立方千米。这些水蒸气大部分在海洋上空凝结成雨，重新落回海里；另一部分降落在陆地上，通过江河流向海洋。水就这样循环，使水量保持平衡，所以海水既不会溢出来，也不会枯竭。

第8节 海洋是生命起源的摇篮

从古至今，人们都在探索生命是怎么产生的。随着不断的研究，各种证据表明，海洋是生命起源的摇篮。

早期的地球没有任何生命，原始地球温度高且没有氧气。因为当时的陆上环境恶劣，有大量紫外线和频繁的火山运动，而海洋为生命生存提供了必要的条件：水、无机盐、适宜的温度以及天然的屏障。

众多学者长期深入综合的研究认为，生命的起源和发展需要经过两个过程：一是生命起源的化学进化过程（发生在地球形成后的十多亿年），即由非生命物质经一系列复杂的变化，逐步变成原始生命的过程。二是生物进化过程（发生在三十亿年以前原始生命产生到现在），即由原始生命继续演化，从简单到复杂，从低等到高等，从水生到陆生，经过漫长的过程直到发展为现今丰富多彩的生物界，并且继续发展变化的过程。

最早的岩石约有38亿年的历史；最早的细菌之类的原核细胞大致出现在34亿年前；大约在31亿年前的时候出现蓝藻。

由于原始藻类的繁殖，通过光合作用，产生了氧气，为生命的再一次进化准备了必要的条件。这种原始的单细胞藻类又经历亿万年的进化，才出现了原始水母、海绵、三叶虫、鹦鹉螺、蛤类等。

海洋中的鱼类则是在4亿年前出现的。3亿年前海洋生物爬上陆地，开始了两栖动物时代。

2.3亿年前，由于地球气候温暖，食物充足，爬行动物逐渐繁盛起来，不断分化，种类也越多。

6700万年前，开始哺乳动物时代，人类的历史不超过500万年。

生物进化谱系树

第9节 海洋植物

　　海洋植物是海洋中能够利用光合色素进行光合作用以生产有机物的自养型生物。海洋植物属于海洋中的生产者，是海洋中植食性动物的食物，同时也是海洋中氧气的主要提供者。海洋植物门类甚多，个体大小差异较大。小的浮游藻类小于2微米，只有在显微镜下才能看到它，大的海草有几十米甚至几百米长。

　　海洋藻类是海洋植物的主体，根据生活方式主要分为浮游藻类和底栖藻类。海洋浮游藻类是海水中营浮游生活的微小植物，如硅藻、甲藻、绿藻、金藻等。底栖生活的藻类，如石莼、海带、紫菜，体基部有固着器，营定生生活，主要生长在潮间带和潮下带。海藻的经济价值很高，像我国浅海中的紫菜和石花菜，都是很好的食品。

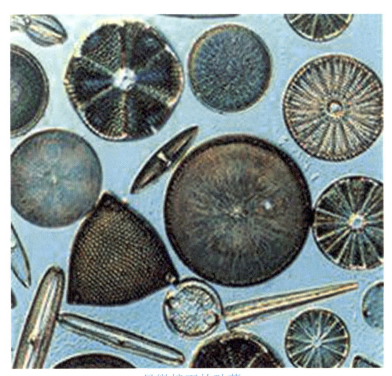

显微镜下的硅藻

夜晚的海面上有时会出现荧光，这可能是由海洋中的夜光藻发出的。夜光藻是甲藻的一种，当周围的环境发生变化而受刺激时会发出荧光。

夜晚海面上的荧光

海洋种子植物是海洋中的高等植物，有红树植物和海草。红树林是热带、亚热带海岸潮间带特有的盐生木本植物群落。红树林植物指红树生态系统中生长的所有植物，包括木本、藤本和草本植物，其中木本植物被称为红树植物。红树植物的突出特征是根系发达、能在海水中生长。

我国红树林主要分布在海南、广西、广东和福建。红树林可以称为"海岸卫士"，发达的根系能起到防风消浪、促淤保滩、固岸护堤的作用，红树林还有净化海水和空气的功能。

第 9 节 海洋植物

红树林植物

思考：红树林是红色的吗？

红树林并不都是红色的，它是由红树科植物构成，因此命名为红树林。有些红树植物的木材、树皮呈红色，树皮还可作染料。

海草主要生活在热带和温带的浅海区域，分布很广。我国沿海有海菖蒲、海龟草、喜盐草、海神草、大叶藻等。海草为海洋动物提供食物，是天然的海洋牧场。

第10节 海洋动物（一）

海洋动物是海洋中异养型生物的总称，它们不进行光合作用，只能通过摄食其他动植物或有机碎屑物质为生。海洋动物分布广泛，从海上至海底，从岸边或潮间带至最深的海沟底，都有海洋动物。海洋动物现知有20多万种，门类繁多，微小的有单细胞原生动物，大的有长可超过30米、重可超过190吨的鲸类。海洋动物可分为海洋无脊椎动物和海洋脊椎动物。

海洋无脊椎动物种数、门类最为繁多，占海洋动物的绝大部分，包含原生动物、海绵动物、腔肠动物、软体动物、节肢动物、棘皮动物等。

原生动物

原生动物是最低等的一类动物，个体仅由一个细胞组成，但原生动物这个唯一的细胞却是一个完整的有机体，具有作为一个动物所应有的主要生理机能。细胞的各部分产生了分化，各自掌管一定的功能，形成了"类器官"。原生动物往往长有鞭毛、纤毛或是伪足作为它们的运动器官。有些原生动物的细胞质中具有骨架或是形成坚固的外壳。

有孔虫是一种古老的原生动物，5亿多年前就产生在海洋中，已知化石种类有40 000余种，现代种类有6000余种。有孔虫是海洋食物链的一个环节，它的主要食物为硅藻以及菌类、甲壳类幼虫等。

有孔虫

海绵动物

海绵动物起源于 5 亿年前的寒武纪，营滤食性，是较低等的多细胞动物。海绵动物在水中固着生活，体型多样，有不规则的块状、球状、树枝状、管状等形状，体表多孔。

管状海绵

管状海绵

腔肠动物

腔肠动物是海洋中非常特别的动物，它们看起来更像是植物，如海葵、水母、珊瑚等，都像是植物的枝条或花。

海葵

海葵

海葵是我国各地海滨常见的无脊椎动物，虽然海葵看上去很像花朵，但其实是捕食性动物。海葵有着无数刺细胞，刺细胞中的刺丝囊含有刺丝。一旦碰到它，这些刺丝立即会刺向对手，并注入海葵毒素。

全球有7000多种珊瑚，珊瑚形态像树枝，颜色鲜艳美丽，可以做装饰品。珊瑚通常包括软珊瑚、柳珊瑚、红珊瑚、石珊瑚、角珊瑚、苍珊瑚和笙珊瑚等。

水母是海洋中非常漂亮的动物，外形就像一把透明伞，伞状体的直径有大有小，大水母的伞状体直径可达2米。

软体动物

软体动物的特征是身体柔软，无骨骼，不分节，具有外套膜和贝壳。

牡蛎

短蛸

第10节 海洋动物（一）

海红

脉红螺

节肢动物

节肢动物是动物界种类最多的一个门类，该门类动物的身体分为头、胸、腹三部分，附肢分节，故名节肢动物。与海洋有关的是甲壳动物亚门和螯肢动物亚门的海蛛纲和肢口纲。

招潮蟹

口虾蛄

鲎（hòu）——节肢动物中的活化石。

鲎是地球上最古老的动物之一，从4亿多年前至今仍保留其原始而古老的相貌，所以鲎有"活化石"之称。每当春夏季鲎的繁殖季节，雌、雄一旦结为夫妻，便形影不离，肥大的雌鲎常驮着瘦小的雄鲎蹒跚而行。此时捉到一只鲎，提起来便是一对，故鲎享有"海底鸳鸯"之美称。

鲎

棘皮动物

海星是棘皮动物中结构、生理最有代表性的一类。扁平，多为五辐射对称，体盘和腕分界不明显。生活时口面向下，反口面向上。

海星

海胆

海参

海蛇尾

第11节 海洋动物（二）

海洋脊椎动物包括有海洋鱼类、爬行类、鸟类和哺乳类。

鱼类

海洋中鱼类多种多样，分布广泛，从两极到赤道海域，从海岸到大洋，从表层到万米深渊都有分布。

金枪鱼　　　　　　　　　　　鲨鱼

海马也是鱼

海马是刺鱼目海龙科暖海生约30种小型鱼类的统称，身长5~30厘米。

小问题：
说出几种叫"鱼"却不是"鱼"的动物？
鲸鱼（哺乳动物），甲鱼（爬行动物），章鱼（软体动物），鲍鱼（软体动物），鳄鱼（爬行动物），鱿鱼（软体动物），娃娃鱼（两栖动物）。

爬行动物

现存海洋爬行动物包括海龟和海蛇两类，已灭绝的包括鱼龙、蛇颈龙等。

海龟科是生活于海洋中的具角质盾片的大型龟类，四肢呈鳍状，擅长游泳。目前世界上海龟的种类有7种：棱皮龟、蠵龟、玳瑁、橄榄绿鳞龟、绿海龟、丽龟和平背海龟。我国附近海域能够发现的海龟有5种，均被列为国家二级保护动物。

世界上存在的海蛇约有69种，它们和眼镜蛇有密切的亲缘关系，绝大部分为剧毒蛇。世界上大多数海蛇都聚集在大洋洲北部至南亚各半岛之间的水域内。少数几种海蛇，如长吻海蛇、青灰海蛇、环纹海蛇和青环海蛇等在温带海域中也经常见到。

海洋鸟类

海洋鸟类是指以海洋为生存环境的鸟类。一般来说，这类鸟必须生活在海洋沿岸，或者在飞越海洋中度过一生，或者长年生活在海洋上，只有筑巢时才返回大陆。大部分种类的海鸟会聚居在一起，少则数十只，多则百万只。许多海鸟能在海洋表面或者水下觅食。

信天翁

海燕

鹈鹕

军舰鸟

海鸥

企鹅

海洋哺乳动物

海洋哺乳动物又称海兽，包括鲸目、鳍脚目、海牛目等，属游泳生物。我国现有海兽39种。海洋哺乳动物都是从陆上返回海洋的，属于次水生生物。

蓝鲸是地球上最大、最重的动物，体长可达33米，重达160吨。分布广泛，从北极到南极的海洋中都有。

抹香鲸为大型鲸类，雄性体长达23米，雌性17米。头部巨大，故又有"巨头鲸"之称。分布于世界各大洋中，我国在黄海、东海、南海都有分布。

中华白海豚

抹香鲸

蓝鲸

海豹

第11节 海洋动物(二)

海狮

儒艮（gèn）

海象

海洋动物之最

最大的动物——蓝鲸，所有动物中体型最大的，一般体长为2.4~3.4米，体重为150~200吨。

最长的软体动物——大王乌贼，它的身长为13米，触手长达10米，也是所有无脊椎动物中体积最大的。

最大的贝壳——砗磲，可长到1.15米宽，340千克重。

最大的水母——北极霞水母，它的伞膜直径可达2.28米，触手长达36.5米。

最小的鱼——胖婴鱼，成年胖婴鱼体长近8毫米，体重1毫克，需要100万条胖婴鱼才能凑够1千克。

最小的蟹——豆蟹，它的甲壳一般只有几毫米长，大的也不过1厘米多。最小的只有米粒般大小。

最不怕冷的鱼——南极鳕鱼，在南极寒冷的冰水中，它能够冻而不僵。这种鱼的血液中含有一种叫抗冻蛋白的成分，能够降低水的冰点，从而阻止体液的冻结。

潜得最深的动物——柯氏喙鲸，它最深能潜入2 992米深的海底，创造海洋动物的潜水记录。

最快的鱼——旗鱼，平时时速90千米，短距离的时速约110千米。

第 12 节 深海探索

海洋的平均水深约 3800 米，深海环境严酷，高压、没有阳光、极低的水温使深海探测难度巨大，甚至比太空探测难度更高。但人类对深海的探索从未止步，随着科技的发展，科学家研制了许多深海探测设备，进行海洋科学考察。但海底仍有无穷无尽的秘密，等待人类去探索。

"蛟龙"号深潜器

"蛟龙"号是我国自主设计、自主集成研制的作业型深海载人潜水器，设计最大下潜深度为 7 000 米，是目前世界上下潜能力最深的作业型载人潜水器，可在世界海洋 99.8% 的海域中使用。

目前下潜深度最大的是美国伍兹霍尔海洋研究所研发的"海神"号深潜器，下潜深度可达 11 032 米，2009 年 5 月 31 日，"海神"号机器人潜艇成功抵达马里亚纳海沟最深处的"挑战者深渊"。

第 12 节 深海探索

广阔的海底中蕴藏着极为丰富的矿产资源和生物资源，对人类的可持续发展有着重要的价值。

多金属结核是一种由包围核心的铁、锰氢氧化物壳层组成的核形石，因富含锰元素又称为"锰结核"，含锰、铁、镍、钴、铜等数十种金属元素。全球大洋海底多金属结核资源总量为3万亿吨，仅太平洋底表层1米内多金属结核中所含锰、铜、镍、钴等的储量，就相当于陆地储量的数十倍至数千倍。

多金属结核

富钴结核是生长在海底岩石表面的皮壳状铁锰氧化物和氢氧化物，因钴的含量极高而得名，也富含锰、稀土元素和铂族元素。海底富钴结核的含钴的总量高达10亿吨。

富钴结核

热液硫化物

多金属硫化物又称"热液硫化物",是由侵入海底裂缝、被地壳熔岩加热的海水,熔解地壳岩层中金属后喷出的海底沉淀冷凝形成的,由于喷发物呈烟雾状,又被称为"黑烟囱"。富含铁、铜、铅、锌等金属。

热液硫化物

滨海砂矿

在滨海的砂层中,常蕴藏着大量的金刚石、砂金、砂铂、石英石以及金红石、锆石、独居石、钛铁矿等稀有矿物。因它们在滨海地带富集成矿,所以称"滨海砂矿"。滨海砂矿在浅海矿产资源中,价值仅次于石油和天然气。

第12节 深海探索

海底石油是埋藏于海洋底层以下的沉积岩及基岩中的矿产资源之一。据统计世界海底石油约 1 350 亿吨，天然气储量约 140 亿立方米，我国近海油气储量 40 亿~50 亿吨，有希望在未来成为"石油海"。

海洋石油钻井平台

天然气水合物即可燃冰，分布于深海沉积物或陆域的永久冻土中，由天然气与水在高压低温条件下形成的类冰状结晶物质，是世界公认的一种清洁高效的未来替代能源。据估算，全球海底可燃冰的甲烷总量大约是大气圈中甲烷总量的 3 000 倍。2017 年 5 月，我国南海北部神狐海域首次天然气水合物试采成功，标志着我国在这一领域的综合实力达到世界先进水平。

天然气水合物

第13节 极地探索

极地是指地球南北两端寒冷的地区，是地球上最寒冷的地方，常年被冰雪覆盖。这些冰雪蓄积了地球上大部分的淡水资源。

南极是地球最南边的一块大陆，面积约1 400万平方千米，平均海拔高度约2 350米，是平均海拔最高的大陆。南极也是最寒冷的大陆，年平均气温范围为-30℃~-25℃，最低气温纪录是-89.6℃。

北极是指北极圈之内广大区域，包括北冰洋和周边的岛屿、陆地。北冰洋常年被冰雪覆盖。北极的年平均气温为-10℃左右，最低气温纪录为-70℃。

极地风光

极光是由于太阳带电粒子（太阳风）进入地球磁场，在地球南北两极附近地区的高空，夜间出现的灿烂美丽的光辉，是人们能用肉眼看得见的高空大气现象。北极附近的阿拉斯加、北加拿大是观赏北极光的最佳地点。

第 13 节 极地探索

极光美景

为什么南极气温要比北极低？

（1）南极地区是陆地，陆地储藏热量的能力较弱，北极地区是海洋，由于海水的热容量大，能吸收较多的热。

（2）南极地区所环绕的海流，都是寒流，起降温作用，使南极地区气候酷寒。

（3）由于南极地势高，空气稀薄，大气的保温作用弱。

极地考察

长城站：1985 年 2 月建立，是我国在南极建立的第一个科学考察站。

南极长城站

北极黄河站，我国首个北极科考站，成立于2004年7月28日，拥有全球极地科考中规模最大的空间物理观测点。

北极黄河站

"雪龙"号极地考察船是我国最大的极地考察船，是中国唯一能在极地破冰前行的船只，完成了34次南极科考和9次北极科考，是我国极地探索的先锋。

"雪龙"号极地考察船

矿产资源

南极地区矿产资源极为丰富，有220多种矿产，煤、铁和石油的储量相当可观，煤储藏量约达5 000亿吨，石油储存量500亿~1 000亿桶，天然气储量为30 000亿~50 000亿立方米。北极地区的矿产资源也相对丰富，诺里尔斯克是世界最大的铜-镍-钚复合矿基地。北极还有贵金属矿物资源，如金、银、锌、铅等；战略性矿产资源，如铀和钚等放射性元素。北极石油、天然气储量约占全世界总储量的1/4。

极地生物

世界上共有20种企鹅，都分布在南半球，南极企鹅约有1.2亿只，占世界企鹅总数的87%。

南极有6种海豹，即锯齿海豹、象海豹、豹型海豹、威德尔海豹、罗斯海豹和南极海狗，总共约3 200万头，占全球海豹总量的90%。

南极磷虾

南极磷虾主要生活在南大洋，蕴藏量非常巨大，4亿～6亿吨，科学家估计每年捕捞0.6亿～1.0亿吨的南极磷虾不会影响南大洋生物链的平衡，被喻为人类未来的蛋白资源仓库。

北极熊，北极生命的象征，是北极地区最大的食肉动物。

旅鼠常年居住在北极，四肢短小，比普通老鼠要小一些，最大可长到15厘米。

第14节 海洋环境污染

海洋环境污染通常是指人类改变了海洋原来的状态，使海洋生态系统遭到破坏。有害物质进入海洋环境而造成的污染，会损害生物资源，危害人类健康，妨碍捕鱼和人类在海上的其他活动，损坏海水质量和海洋环境质量等。造成海洋污染的主要原因有：陆地污染源流入海中、石油污染、人类无节制的捕捞活动等。

赤潮

赤潮是海洋生态系统中的一种异常现象。在特定环境条件下，有些微小的浮游藻类、原生动物或细菌暴发性增殖或高度聚集而引起水体变色的一种有害生态现象。赤潮并不一定都呈红色，根据引发赤潮的生物种类和数量不同，有时也呈现黄、绿、褐等颜色。人类活动是赤潮形成的重要原因，大量工农业废水和生活污水排入海洋，海水养殖业的扩大等导致海水的富营养化，为赤潮生物提供了适宜的生存环境，使其增殖加快。赤潮的危害：

（1）赤潮生物会消耗大量的氧气，造成其他海洋生物缺氧死亡。

（2）有的赤潮藻类有毒，鱼类吞食可导致死亡。

（3）当鱼、贝类处于有毒赤潮区域内，摄食这些有毒生物，会引起人体中毒。

赤潮

第14节 海洋环境污染

海洋石油污染

　　石油污染是指石油开采、运输、装卸、加工和使用过程中，由于泄漏和排放而引起的污染，主要发生在海洋。石油污染会对海洋环境造成严重的危害：首先是石油中的某些物质对生物体是有毒的；其次是石油在海面形成的油膜能阻碍大气与海水之间的氧气、二氧化碳等气体交换；第三是油膜减弱了太阳辐射透入海水的能量，会影响海洋植物的光合作用；第四是油膜沾污海兽的皮毛和海鸟羽毛，溶解其中的油脂物质，使它们失去保温、游泳或飞行的能力；第五是石油会对海滨城市形象造成影响，影响旅游业等。

石油污染

史上最严重的海洋原油泄漏事件——美国墨西哥湾原油泄漏事件

2010年4月20日,墨西哥湾"深水地平线"钻井平台发生爆炸并引发大火,11名工作人员死亡。爆炸造成原油泄漏直到7月15日才成功封堵,每天漏油量大约5 000桶,油污面积超过9 900平方千米。此次事件不仅造成巨大经济损失,而且给墨西哥湾的生态环境带来重大的灾难。1 000英里长的湿地和海滩被毁,渔业受损,脆弱的物种灭绝等。

过度捕捞

过度捕捞是指人类的捕鱼活动导致海洋中生存的某些鱼类种群不足以繁殖并补充种群数量。现代化的渔业生产借助大型渔船和先进的鱼群探测仪器、捕捞工具,捕捞效率极高,即使是大种群生物和富饶渔场,如果不加限制,都可能在不长的时间内资源枯竭。

过度捕捞的后果很严重。1992年,加拿大纽芬兰岛的渔业完全崩溃,渔民在整个捕鱼季没有抓到一条鳕鱼。这是当地渔业部门纵容过度捕捞的后果。这一情况导致4万人失业,整个地区的经济衰落。

第 15 节 海洋保护

海洋中有着丰富的生物资源、矿产资源、化学资源和海洋能源等，是人类不可缺少的资源宝库，与人类的生存和发展关系极为密切。无节制的污染、掠夺性的开发严重破坏了人类共有的海洋环境。保护海洋环境是人类实现可持续发展的基础要求，我们要保护海洋。

保护海洋的主要措施：

（1）健全环境保护法制，加强监测和管理。为了保护和改善海洋环境，保护海洋资源，防治污染损害等，我国制定了一系列法律法规，如《中华人民共和国海洋环境保护法》《中华人民共和国海域使用管理法》《中华人民共和国渔业法》《中华人民共和国海岛保护法》等。

（2）控制污染物及生活垃圾入海。严格管理和控制向海洋倾倒废弃物，禁止向海上倾倒放射性废物和有害物质。

（3）科学合理地开发利用海洋。

（4）加强国际合作，共同保护海洋环境。

我们能在海洋保护方面做的一些事情。
(1) 惜食海鲜，拒食鱼翅和其他濒危海洋动物产品。
(2) 少用塑料制品，避免"塑化"海洋。
(3) 做个有责任感的海边游客。
(4) 帮助清理海岸。

多种措施保护渔业资源：

(1) 规定渔网最小网目尺寸、可捕标准、幼鱼比例，限制对幼鱼的捕捞是渔业资源养护与管理的最基本措施。我国《渔业法》规定"禁止使用炸鱼、毒鱼、电鱼等破坏渔业资源的方法进行捕捞。禁止制作、销售、使用禁用的渔具。"

(2) 制定休渔期。我国每年的5月至9月，相关部门会对从事海洋捕捞作业的渔民实行2~4个月的休渔期，以此来保证海洋水产资源正常繁殖、生长与发育。

(3) 增殖放流，用人工方法直接向海洋投放或移入渔业生物的受精卵、幼体或成体，以恢复或增加种群的数量。

从我做起，保护海洋：

全社会要增强海洋意识，强化海洋观念，让每一位国人深切地感受到大海能为我们带来巨大财富，如果不对它加以爱护，肆意破坏，同样可能给人类带来灾难。

生物修复技术

生物修复技术是治理海洋环境污染的重要清洁技术。其利用生物特有的分解有毒有害物质的能力，去除环境中的污染物，具有费用低，无再次污染且效果明显等优点。1989年，美国环境保护局在阿拉斯加石油泄漏事故中，利用生物修复技术成功治理环境污染。从污染海滩分离的细菌菌株具有特殊的降解能力，加入亲油性肥料一段时间后，污染物的降解速率加快了，并被推广到整个污染海滩，取得了成功。

连云港篇

第 16 节 连云港海域

连云港市位于我国沿海中部,江苏省东北部,处于北纬 33°59′～35°07′、东经 118°24′～119°48′。东濒黄海,与朝鲜、韩国、日本隔海相望,北与山东日照市接壤,西与山东临沂市和江苏徐州市毗邻,南连江苏淮安市和盐城市。东西最大横距约 129 千米,南北最大纵距约 132 千米。连云港下辖 3 个区、3 个县,分别是海州区、连云区、赣榆区、灌云县、东海县和灌南县。

连云港古称"海州",土地面积 7 615 平方千米,海域面积 6677 平方千米。因面向连岛、背倚云台山,又因海港,得名连云港,是一座山、海、港、城相依相拥的城市,连云港市是我国首批沿海开放城市、新亚欧大陆桥东方桥头堡。

第16节 连云港海域

　　受海洋的影响,连云港市有着优越的气候条件,属暖温带南缘湿润性季风气候。连云港市年平均气温在14℃左右,年平均最高气温19℃,年平均最低气温为10℃,既无严寒又无酷暑。雨量适中,年平均总降水量920多毫米,平均相对湿度在70%,体感舒适,非常适宜人居。

连云港潮汐属于正规半日潮，即每天有2个高潮和2个低潮。海浪是以风浪为主的混合浪，受季风的影响，盛行偏北向浪。

表2 连云港潮汐时刻表

农历日期		涨潮	落潮
初一	十六	12:48	6:48
初二	十七	1:36	7:36
初三	十八	2:24	8:24
初四	十九	3:24	9:12
初五	二十	4:00	10:00
初六	二十一	4:48	10:48
初七	二十二	5:36	11:36
初八	二十三	6:24	12:24
初九	二十四	7:12	1:12
初十	二十五	8:00	2:00
十一	二十六	8:48	2:48
十二	二十七	9:36	3:36
十三	二十八	10:24	4:24
十四	二十九	11:12	5:12
十五	三十	12:00	6:00

连云港是秦代著名方士徐福的故里。秦始皇统一中国后，为求长生不老仙药，派徐福带领3 000童男女和百名工匠，出海寻觅。传说徐福在日本登陆，成为中国文化向日本传播的第一人。徐福把中华的农耕文明带到日本，促进日本古代文明的进步，开创了中日友好交往的先河。

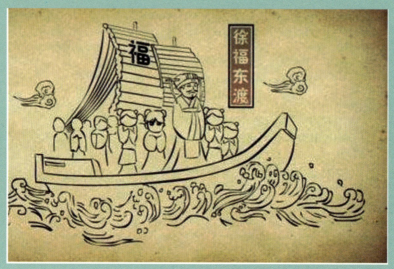

第17节 连云港海岛

连云港市海岸线全长211.587千米,其中大陆海岸线北起绣针河口苏鲁交界,南至灌河口南侧"响灌线"陆域分界,总长146.587千米(不含连岛和西大堤)。连云港市海岸类型齐全,包括基岩海岸、砂质海岸和淤泥质海岸3种,有江苏唯一的基岩港湾海岸约40千米、砂质海岸约30千米。连云港有20座海岛,包括平岛、达山岛、达东礁、车牛山岛、连岛、秦山岛、开山岛等。

连岛

连岛古称鹰游山,面积5.658平方千米,是江苏省最大的海岛,与连云港港隔海相望,通过6.7千米的我国最长拦海大堤与连云港市东部城区相连。

连岛美在海中央,云腾雾绕,似海上仙山浮座于万顷波涛之上。这里青山耀眼,碧海泛波,独特的海滨风光秀丽迷人,是黄海之滨一颗璀璨的明珠。连岛景区集山、海、林、石、滩及人文景观于一体,是国家级风景名胜区云台山景区的重要组成部分,是江苏唯一AAAA级海滨旅游景区。连岛度假区冬无严寒,夏无酷暑,气候四季宜人。得天独厚的资源已使连岛成为夏季避暑纳凉、踏浪休闲娱乐、享受海鲜美味的旅游胜地。

连岛海滨浴场，是江苏省最大的天然优质海滨浴场，又称苏马湾。主要由大沙湾浴场和苏马湾浴场组成。海湾集山、海、林、石、滩及人文景观于一体。

连岛海滨浴场

秦山岛又名奶奶山，面积约 0.37 平方千米，岛的四周均受海浪作用呈现海蚀地貌。秦山岛旅游资源丰富，有海蚀崖、海蚀柱、连岛坝等独特的自然景观。

秦山岛

平岛又称平山岛，同车牛山岛和达山岛统称前三岛。三岛在海中如三星错落、云遮雾障，早有"传闻海上有仙山，山在虚无缥缈间"的说法。

平岛

竹岛是有名的蛇岛，蝮蛇亦是海州湾国家级海洋公园主要的保护目标之一。竹岛基本处于未开发的原生状态，岛上植被覆盖主要为淡杂竹，覆盖率达70%。

开山岛属基岩海岛，面积仅0.0016平方千米，由浅灰色石英砂岩及浅绿色千枚岩组成，岛上植被覆盖较差，岛东有砚台石，西有大狮、小狮二礁和船山。

保护海岛与海岸线

海岛保护：指海岛及其周边海域生态系统保护、无居民海岛自然资源保护和特殊用途海岛保护。

竹岛

开山岛

第18节 连云港海洋植物

连云港海州湾生物资源丰富，海洋植物为海州湾渔场鱼类、虾、蟹等提供了食物，有些也是人类的绿色食品，还是海洋药物的重要原料。海州湾浮游植物种类繁多，共有148种（包括变种和变型），隶属4门51属，包括硅藻门40属121种、甲藻门9属24种、蓝藻门1属2种和金藻门1属1种。浮游硅藻在藻类总量和种数上都占绝对优势。

紫菜

紫菜属于红藻纲，红毛菜科，是可食用的海洋藻类，通常吃的海苔就是用紫菜制作而成的。连云港出产的条斑紫菜，是北太平洋西部特有的种类。连云港海区独特的海洋水文环境和气象条件造就了连云港紫菜的优良品质。

紫菜食品

连云港条斑紫菜养殖面积和产量分别占全国的37%和30%。2016~2017年度紫菜生产周期，连云港紫菜实际养殖面积约15万亩，全年鲜菜产量约9.5万吨。紫菜产业解决了全区700多户、近6 000名渔民的生计问题，带动了周边近2万人就业，使相当数量渔民走上小康之路。

注：15亩=1公顷，1公顷=10000平方米。

浒苔

浒苔亦称"苔条""苔菜"。属于绿藻纲，石莼科。近年来，连云港海岸持续出现大面积浒苔聚集，给当地的渔业生产、海上运输、海滨旅游带来不利影响。

浒苔暴发

滨海湿地

滨海湿地是指陆地生态系统和海洋生态系统的交错过渡地带。滨海湿地不仅拥有独特的自然景观，还为鸟类提供筑巢栖息、觅食繁殖的场所，是沿海和近海海域环境的重要调节器。连云港市有211平方千米的自然湿地，主要植被为芦苇和米草。

芦苇

米草

浅水之中潮湿地，婀娜芦苇一丛丛；
迎风摇曳多姿态，质朴无华野趣浓。
——余亚飞《咏芦苇》

海英草

海英草，通常称为"海英菜"，是草本植物，生长在海涂或者盐滩上，富含不饱和脂肪酸、维生素和微量元素，具有清凉解毒、降脂降压、助消化等作用。每年秋天，海州湾滩涂大面积的海英草火红火红，宛若红色的海洋，非常漂亮。

海英草

第 19 节 连云港海洋动物

海州湾是我国海岸南北分界、亚热带与暖温带的交界处，生物资源十分丰富，既有近岸低盐品种，也有远岸高盐类群。这里分布着数百种鱼虾蟹贝等珍贵渔业资源和 100 多种海岛鸟类。经济价值较高的有中国明对虾、鹰爪虾、毛虾、日本蟳、日本枪乌贼、金乌贼等近 20 种，还有国家一级保护动物丹顶鹤、二级保护动物雀鹰、特有珍稀鸟种震旦鸦雀等。

日本蟳，别称石钳爬、石蟹，为梭子蟹科蟳属的动物。全身披有坚硬的甲壳，背面灰绿色或棕红色，头胸部宽大，甲壳略呈扇状。

日本枪乌贼，别称笔管蛸，属于头足纲，枪乌贼科，胴部细长，胴长可达 15cm。

金乌贼又名墨鱼、乌鱼，是我国北方海域中经济价值最大的乌贼，曾与大黄鱼、小黄鱼、带鱼一道并称为我国传统四大海产，是重要的捕捞对象。

中国明对虾是连云港著名海产品之一，属节肢动物门甲壳亚门十足目对虾科明对虾属。过去常因成对出售，故称对虾。其味道鲜美，营养丰富，是高蛋白营养水产品，为高级宴席上不可缺少的佳品。

文蛤

海蜇

青蛤

丹顶鹤

红螺

雀鹰

震旦鸦雀

带鱼

第20节 连云港沿海渔业资源

渔业资源是指具有开发利用价值的鱼、虾、蟹、贝、藻和海兽等经济动植物的总体。渔业资源是人类解决粮食问题的重要资源。渔业是连云港农业的重要支柱产业，2017年，连云港市水产品总产量75万吨，位居江苏省第3位；水产养殖面积100万亩，位居江苏省第5位；水产加工品总量35万吨，位居江苏省第2位；渔业经济总产值216亿元，位居江苏省第3位。

海州湾渔场是连云港沿海渔民的主要捕捞地。海州湾渔场有优良的自然条件，其地处暖温带和亚热带过渡区域，气候温和，雨量适中。连云港市海岸线曲折，滩涂广阔，岛屿众多，沿岸10多条入海河流带来丰富的营养物质，适宜鱼虾等海洋生物的生长和繁殖。

海州湾渔场资源丰富，有200多种鱼类，30多种虾类，100多种软体动物，蟹类38种等。海州湾渔场是全国八大渔场之一，因盛产黄鱼、带鱼、梭子蟹、对虾等多种海产品而久负盛名。

前三岛附近海域水质优良，是江苏省唯一的海参、鲍鱼、扇贝等珍贵海产品的产地。

大黄鱼

鲍鱼

梭子蟹　　　　扇贝

2016年，连云港市海水捕捞产品15.38万吨，海水捕捞主要品种有小黄鱼、鲅鱼、鲳鱼。

近年来由于海洋捕捞力严重过剩，海州湾已很难形成渔汛。许多经济鱼类资源量大幅减少，如大黄鱼、黄鲫、灰鲳等。为减轻近海捕捞强度，连云港严格执行海洋休渔制度。2017年全市伏休渔船总计3 214艘，适航渔船（含捕捞辅助船）3 063艘，同时开展人工鱼礁和增殖放流等多项有效措施，改善海域生态环境。

海水养殖是利用浅海、滩涂、港湾、池塘等水域养殖海洋水产经济动植物的生产活动。按养殖方式分为筏式养殖、网箱养殖和底播养殖等。

第20节 连云港沿海渔业资源

连云港市海水增养殖业，始于1957年海带试养殖。由于海州湾水质肥沃，营养物质丰富，连云港市海水养殖业迅猛发展。1990年，全市海水养殖面积9.14万亩，产量6 349吨。2016年全市海水养殖面积65.1万亩，海水养殖产量达32万吨。海水增养殖的品种有鱼、虾、贝、藻等，其中有些项目的技术水平已进入国内和国际先进行列。

随着紫菜养殖玻璃钢撑杆等创新技术的逐步推广，江苏省连云港市紫菜养殖逐步走向"深海"，养殖面积不断扩大，紫菜品质也得到提高。目前紫菜养殖、加工已成为当地海水养殖的特色产业和重要经济增长点。

2017~2018生产年度，全市条斑紫菜养殖面积达到41万亩左右，比上一年同期增加了64%，其中采用新型玻璃钢插杆养殖面积超过30万亩，是全国条斑紫菜的两大生产基地之一（南通养殖面积为20万亩左右），产量占到全国的50%左右，年加工一次性紫菜超过20亿张，紫菜产业产值近15亿元，形成从育苗、养殖、加工、流通到对外贸易的完整产业链。

第 21 节 连云港海洋产业

海洋产业是指开发、利用和保护海洋所进行的生产和服务活动，包括海洋渔业、海洋油气业、海洋矿业、海洋盐业、海洋化工业、海洋生物医药业、海洋电力业、海水利用业、海洋船舶工业、海洋工程建筑业、海洋交通运输业、滨海旅游等主要海洋产业，以及海洋科研教育管理服务业。

海洋盐业

海洋盐业指海水晒盐和海滨地下卤水晒盐等生产和以原盐为原料，经过化卤、蒸发、洗涤、粉碎、干燥、筛分等工序，或在其中添加碘酸钾及调味品等加工制成盐产品的生产活动。淮北盐场是全国四大盐场之一，每年生产原盐近 300 万吨，素有"自古煮盐之利，重于东南，而两淮为最"和"两淮盐税甲天下"之说。淮北盐区晒制的大粒盐，晶莹剔透、咸味十足，其品质最为上乘，推为中国海盐之冠。

第21节 连云港海洋产业

青口盐场是江苏省八大盐场之一，场区在连云港连云区境内的黄沙村，总面积近6万亩，场区总人口约6 000人，全民职工942人，集体职工380人。

徐圩盐场位于江苏省连云港市连云区，占地面积近100平方千米，海岸线23千米，拥有职工3 000余名，下辖8个制盐工区，原盐生产能力近25万吨。

中国四大盐场是：长芦盐场（区）、辽东湾盐场（区）、莱州湾盐场（区）、淮盐产场（区）。

海洋化工产业

海洋化工指以海盐、溴元素、钾、镁及海洋藻类等直接从海水中获取的物质作为原料进行一次加工产品的生产，包括以制盐副产物为原料进行的氯化钾和硫酸钾的生产和溴元素加工产品以及碘等其他元素加工产品的生产。

连云港集中了江苏省主要的海洋化工企业，灌南县堆沟化学工业园和燕尾港化学工业园分别在2003年和2005年启动，海洋化工支柱产业规模以上企业近20家，2013年连云港海洋化工产业总产值为45.2亿元，2014年降为32.79亿元。

海洋生物医药

　　海洋生物由于其特殊的生存环境（高盐、高压、低营养、缺氧、缺光照等），能产生大量不同于陆生生物所含有的、结构特异的活性物质，是开发新型药物的重要资源。连云港近海生物资源种类丰富，有着开发海洋药物的优越条件。

　　连云港海洋生物医药及制品产业发展迅猛，恒瑞医药、康缘药业、豪森药业、正大天晴等连续5年荣获"中国制药工业百强"称号。全市褐藻酸钠的产量占全国40%，已成为我国食品级海藻酸钠产品的重要基地，同时也是以碘、甘露醇为原料的头孢米诺中间体的原料基地。

田湾核电站

田湾核电站位于江苏省连云港市高公岛乡柳河村田湾境内,是目前中国单机容量最大的核电站,一期工程年发电量达 140 亿千瓦时。田湾核电站具有得天独厚的地理、地质、水文优势,可容纳 8 台百万千瓦级机组,远期规划是 800 万~1 000 万千瓦,将成为我国大陆最大的核能发电站。

田湾核电站外景

第22节 海洋保护区

海洋保护区是指以海洋自然环境和自然资源保护为目的，依法把包括保护对象在内的一定面积的海岸、河口、岛屿、湿地或海域划出来，进行特殊保护和管理的区域，包括海洋自然保护区、海洋特别保护区。全国已建有各级、各类海洋保护区200余处，保护面积超过330万公顷。连云港海域内有2个海洋保护区、1个鸟类保护区和1个海洋公园。

连云港海州湾海湾生态与自然遗迹海洋特别保护区

连云港海州湾海湾生态与自然遗迹海洋特别保护区总面积达490.37平方千米，海岸类型齐全，保护区内有江苏独有的基岩海岛、40千米沙滩、30千米基岩海岸、泥质海岸及海岛森林，是典型的海洋海岸岛礁自然地貌区。秦山岛上有"神路"之称的4.5千米长连岛沙坝、"大将军"和"二将军"之称的海蚀柱、龙王河口南岸的羽状沙嘴，形态典型，极具科学意义。赣榆区沿海有海滨沙矿，曾有矿金开采。东郊的数道贝壳沙堤，在宋庄附近保存较好，标志着不同时期的海岸线，见证了自然变迁的过程。

第22节 海洋保护区

江苏省海州湾中国明对虾国家级水产种质资源保护区

2009年建立了海州湾中国明对虾国家级水产种质资源保护区，保护对象是中国明对虾，根据中国明对虾的洄游路线、产卵习性和分布特点等，划分出1个核心区和2个实验区，在特殊保护期内（4～5月，9～11月），未经农业部或省人民政府渔业行政主管部门批准，保护区内禁止从事任何可能损害或影响保护对象及其生存环境的活动。实验区处于核心区外围，起着保护核心区的作用，主要作为科学研究基地。

该保护区的建立既能有效保护中国明对虾，也能让黄鱼等国家重点保护经济水生物种和地方珍稀特有水生物种数量得到恢复。

江苏省前三岛鸟类特别保护区

前三岛是连云港境内车牛山岛、达山岛和平山岛的统称，共由六岛六礁组成，总面积为0.32平方千米。前三岛是我国沿海候鸟南北迁徙的中间站。岛上鸟类有18目41科，共计200多种鸟类在此繁殖，如黑鹳、海鸬鹚、赤腹鹰、白尾鹞、燕隼、灰背隼等，其中许多属于国家一、二级保护鸟类。每年春秋两季，鸟类云集。目前前三岛鸟类特别保护区被列为江苏省沿海唯一的鸟类自然保护区。

江苏连云港海州湾国家级海洋公园

江苏连云港海州湾国家级海洋公园位于江苏省连云港市海州湾海域,总面积514.55平方千米,是我国首批国家级海洋公园之一,是全国最大、江苏唯一的海洋公园。根据不同的主导功能,分为重点保护区、生态与资源修复区、适度利用区及预留区。主要功能是减少或禁止破坏海洋生态系统的开发活动,保护海岸原生动植物资源、野生鸟类栖息地和迁徙通道,保持现有海洋以及海岸的生态环境和生物多样性。

海州湾国家级海洋公园

第 23 节 连云港港口

连云港港地处我国沿海中部海州湾西南岸、江苏省的东北端，港口北倚长 6km 的东西连岛天然屏障，南靠巍峨的云台山，为横贯我国东西的铁路大动脉——陇海、兰新铁路的东部终点港，被誉为新亚欧大陆桥东桥头堡和新丝绸之路东端起点，是我国中西部地区最便捷、最经济的出海口。连云港港是镶嵌在祖国沿海脐部的璀璨明珠。

连云港港是江苏省最大海港，我国沿海 25 个主要港口、12 个区域性主枢纽港和长三角港口群三大主体港区之一。连云港港依托码头装卸、现代物流、港口建设、临港工业、综合服务五大板块的协调发展，加速由货物吞吐港向发展带动港、要素聚集港、产业支撑港、绿色和谐港的转变，基本实现了航道深水化、码头专业化、集疏网络化、园区特色化、装备现代化、应用信息化。

连云港港码头

连云港港目前拥有集装箱、散粮、焦炭、煤炭、矿石、氧化铝、液体化工、客滚、件杂货在内的各类码头泊位 35 个，其中万吨级以上泊位 30 个。30 万吨级深水航道的建设，将从根本上提升港口功能，确立连云港港成为主枢纽大港的定位，提供国家大型重化产业在连云港布局的重要条件。

航线简介

连云港港与160多个国家和地区的港口建立通航关系,辟有至日本、中国香港、中国台湾、欧洲、美洲、中东、东北亚、东南亚等集装箱和货运班轮航线40多条,月航班突破220航班,并开通了至韩国仁川、平泽两条大型客箱班轮航线。

连云港港客运站

"和谐云港"轮船是由连云港港自主投资建造的大型豪华客滚船,载客1080人,载重7 000吨,是目前中韩客货班轮航线中吨位最大、同时配装最新岸电技术设备的船舶,具有经济航速更快、燃油成本更低、安全环保性能更先进、旅客乘坐体验更舒适等特点和优势。

"和谐云港"轮船

连云港海洋渔港

渔港是海洋渔业生产的进出口,连云港拥有海洋渔港群,是我国南北渔船休息、加水、加燃料的中转站,满足了当地远洋和近海的渔业捕捞生产。目前,沿海错落有序地分布着大小渔港10多个,其中,国家一级群众渔港有2个(赣榆青口渔港和赣榆海头渔港),国家二级群众渔港有3个(连云港西连岛渔港、高公岛渔港、灌云燕尾港渔港)。

赣榆青口渔港位于赣榆县城东侧,为国家一级渔港,全长6 100多米,能同时停泊2 000多艘大小船只。港区东部为渔港,中间为货运码头,西部为旅游码头。

2016年8月连岛中心渔港建设项目在西连岛码头正式开工建设,是连云港市最大的渔港投资项目,设计满足800艘大中小型渔船避风锚泊,建成后将改善渔港作业环境,保障渔民生命财产安全,带动码头后方陆域渔货交易、渔业加工、运销、渔船补给、渔业休闲等二三产业的发展。

青口渔港　　　　　　　　　连岛渔港现状

第24节 连云港海洋文化

连云港是一座海洋文化浓郁的港口城市，独特的地理区位优势，几千年的沧海桑田，使得连云港与海洋有着无法割舍的文化渊源。连云港积极建设国际性海滨城市、现代化的港口工业城市、山海相拥的知名旅游城市，建设富有特色、内涵、活力的海洋文化是推动城市科学发展、跨越发展的动力之源泉，发展之根系，建设之根本。

连云港海洋文化融于城市建设的角角落落，表现于城市形象的点点滴滴，既有海洋景观、滨海城市标志、海族馆、滨海大道等标志性建筑，又有码头、港口、渔港、航线、航标、海上交通工具等涉海设施，也有附着于城市高楼大厦、街头巷尾的海洋文化艺术。

海州湾海洋乐园

第24节 连云港海洋文化

> 东连岛，西连岛，东西连岛一水绕，
> 碧波金滩桥。风声起，浪花高，
> 风逐浪涛又一潮，澜沧比情少。
> ——白言《长相思——东西连岛》

淮盐制作技艺

淮盐有着悠久的生产史，淮盐生产起源于春秋，发展于汉唐，振兴于宋元，鼎盛于明清，有文字记载的历史近3000年。2014年11月"淮盐制作技艺"被列入国家级非物质文化遗产名录，其保护单位为连云港市工业投资集团有限公司。

海州城区

海州城区作为一个古老的滨海港口城区，集中展现了连云港历史文化积淀，集聚了连云港古海洋文化精华，要在进一步加大古城区历史文化保护的同时，深入发掘潜藏于其中的海洋文化元素，激活埋藏于深处的海洋文化因子，让其在新的时期、新的形势下，焕发出新的光彩。

连云港老街

连云港老街位于江苏省连云港市连云区连云街道，又称"连云老街""连云古镇"，为连云港市的历史发展变迁中的4条老街（海州古城、民主路文化街、连云港老街、南城六朝一条街）之一。老街自1933年连云港建港，经民国政府管理、日寇侵华占领及1948年解放至今，山城石街石房的特殊地理风貌和不同历史阶段留下的时代印记，形成了具有一定自然特色和人文积淀的海滨山城石镇。

  我国沿海城市第一个海洋文化产业研究院——江苏省海洋文化产业研究院在连云港市正式揭牌成立,是我国唯一的海洋文化产业研究院。该研究院围绕海洋文化产业发展需求,进行文化产业理论研究,策划、指导、开发海洋文化创意产业项目,积极开展文化产业实践,助推江苏省海洋及地域文化产业发展。

第 24 节 连云港海洋文化

海洋文化节

海洋文化已深入连云港人的生活之中,6月8日是"世界海洋日",也是我国的"海洋宣传日",2016年6月8日连云港市启动"连云港首届海洋文化节",主题为"关注海洋健康、守护蔚蓝星球"。2017年6月6日,"6·6"放鱼节暨全国海洋宣传日活动在连岛启动,连云港市第二届海洋文化节开幕,展示了连云港海洋文化的独特魅力。

徐福故里海洋文化节已经举办了10届。经过多年的不断探索和创新,徐福节已经成为赣榆区、连云港市乃至江苏省对外交流和经济社会发展的一张"文化名片"。